Bibliografische Information der Deutschen Nationalbibliothek:

Die Deutsche Bibliothek verzeichnet diese Publikation in der Deutschen National-
bibliografie; detaillierte bibliografische Daten sind im Internet über http://dnb.d-
nb.de/ abrufbar.

Impressum:

Copyright © 2013 GRIN Verlag, Open Publishing GmbH
Druck und Bindung: Books on Demand GmbH, Norderstedt Germany
ISBN: 978-3-668-12953-5

Dieses Buch bei GRIN:

http://www.grin.com/de/e-book/313435/gletschergliederung-gletschertypen-und-
gletscherverbreitung-ein-kurzueberblick

Raoul Scholle

Gletschergliederung, Gletschertypen und Gletscherverbreitung. Ein Kurzüberblick

GRIN Verlag

GRIN - Your knowledge has value

Der GRIN Verlag publiziert seit 1998 wissenschaftliche Arbeiten von Studenten, Hochschullehrern und anderen Akademikern als eBook und gedrucktes Buch. Die Verlagswebsite www.grin.com ist die ideale Plattform zur Veröffentlichung von Hausarbeiten, Abschlussarbeiten, wissenschaftlichen Aufsätzen, Dissertationen und Fachbüchern.

Besuchen Sie uns im Internet:

http://www.grin.com/

http://www.facebook.com/grincom

http://www.twitter.com/grin_com

RWTH Aachen

Geographisches Institut

Grundseminar Physische Geographie

Sommersemester 2013

Hausarbeit

Gletschergliederung, -typen und -verbreitung

Raoul Scholle

Raoul Scholle

1. Semester

Studienfach: B.Sc. Angewandte Geographie

Inhaltverzeichnis

1 Einleitung

Die globale Erwärmung ist als Problematik für die Erde zu einem der bedeutendsten Themen unserer Zeit geworden. Durch anthropogene Einflüsse wird die Atmosphäre der Erde mit immer mehr Treibhausgasen angereichert, die das Klima auf dem Planeten stetig weiter aufheizen.

Die steigenden Temperaturen bringen einige Probleme mit sich, in dem sie beispielsweise das Klima verändern oder die Ausbreitungsraten von Krankheiten wie Malaria erhöhen.

Anhand von Gletschern kann man die steigenden Temperaturen sehr genau beobachten. Die Eismassen reagieren extrem sensibel auf Veränderungen der Temperatur und seit über einem Jahrhundert kann man den teilweise erschreckenden Rückgang einiger Gletscher als Folge auf die anthropogenen Einflüsse beobachten.

Der Erhalt der gewaltigen Eismassen gewinnt immer mehr an Bedeutung, da sie für das globale Klima enorm wichtig sind und für viele Regionen der Erde die oft einzigen Frischwasserquellen darstellen

Aufgrund der Aktualität der heutigen Gletscherbedrohung durch Klimaveränderungen ist es wichtig sich mit der Thematik dieser zu befassen, um die Dringlichkeit des Erhalts dieser nachvollziehen zu können.

In der folgenden Hausarbeit wird der typische Aufbau eines Gletschers, sowie einige der wichtigsten und häufigsten Typen von Gletschern vorgestellt. Zur weiteren Veranschaulichung wird außerdem die Verbreitung der Gletscher der Erde thematisiert, sowie einige Gletscherrückgänge durch klimatische Veränderungen im Laufe der Zeit anschaulich dargestellt.

2 Gletschergliederung/Definition

"Gletscher sind Eismassen, die aus festem Niederschlag entstanden sind und dem Gefälle des Untergrundes folgend hangab- und talauswärts fließen"(Zepp 2011:190).

Ein Gletscher entsteht, wenn "über lange Zeiträume mehr fester Niederschlag fällt als durch Ablation (Abschmelzen und Sublimation verlorengeht"(Zepp 2011:190). Dieser

Niederschlag unterliegt "vielfältigen Umwandlungsprozessen, die unter der Sammelbezeichnung Metamorphose zusammengefasst werden"(Zepp 2011:190). Die Metamorphose des Schnees hin zum Gletschereis vollzieht sich über folgende Stadien, bei denen die Dichte immer weiter zunimmt, aber das Volumen immer weiter abnimmt:

Neuschnee > Altschnee > Firn > Gletschereis

Weitere Informationen zur Metamorphose des Neuschnees zu Gletschereis liefert die folgende Abbildung.

Schneeart/ Firn/Eis	Dichte in $kg \cdot m^{-3}$	Porenvolumina in %
Neuschnee/ Pulverschnee	30 – 60	97 – 93
Neuschnee/ windgepackter Schnee	60 – 300	93 – 67
Altschnee	200 – 550	78 – 50
Firn	400 – 800	56 – 20
Eis	917	0

Abbildung 1: Dichte und Lagervolumina von Schnee, Firn und Eis (Zepp 2011:191)

Das Dichte-Volumen Verhältnis während der Metamorphose von Schnee ist in der Abb. 1 gut zu erkennen. Mit dem Erreichen des Altschnee Stadiums kann sich das Porenvolumen bereits um bis zu 50 % verringert haben, wohingegen sich die Dichte um ein Vielfaches vergrößert haben kann.

Gründe für diese Metamorphose sind Temperaturwechsel um 0°Celsius herum sowie das Gewicht weiterer Schneelagen auf den Älteren und Schmelzwasser, welches in die Schneedecke einsickert(Zepp 2011:190).

Dieser Prozess wird so lange fortgeführt, bis das Porenvolumen so gering wird, dass es beinahe keine Poren im Eis mehr gibt.

Ein Gletscher lässt sich in zwei Zonen unterteilen: Das Nährgebiet und das Zehrgebiet.

Ersteres wird auch Akkumulationsgebiet genannt. In diesem Gebiet des Gletschers "überwiegt der Gletscheraufbau durch Schneefall"(Zepp 2011:191). Es wird also mehr Material zugeführt als abgeführt.

Das Zehrgebiet, auch als Ablationsgebiet bezeichnet, wird von der sogenannten Gleichgewichtslinie vom Nährgebiet getrennt. In diesem Gebiet herrscht ein Materialverlust des Gletschers aufgrund von Schmelzen und Verdunstung (Evaporation und Sublimation).

Zum besseren Verständnis bezüglich des Aufbaus eines Gletschers dient die folgende Abbildung

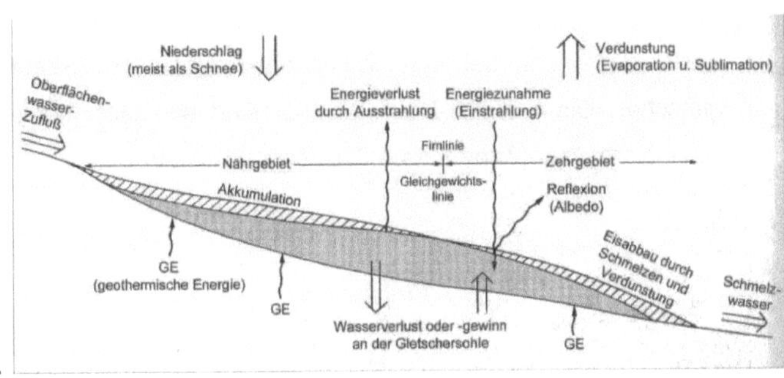

Abbildung 2: Schematische Darstellung des Energie- und Massenhaushalts eines Gletschers. Quelle: Zepp 2011 Abb. 9.2

Die Abbildung 2 zeigt sowohl das Nähr- und Zehrgebiet eines Gletschers, welches durch die Firn- oder Gleichgewichtslinie getrennt wird, als auch die Einflüsse denen

Gletscher ausgesetzt sind. So wird das Nährgebiet beispielsweise durch Niederschlag vergrößert, und das Zehrgebiet beispielsweise durch Verdunstung verringert.

3 Gletschertypen

Es existieren mehrere Arten von Gletschern auf der Erde, die sich "nach ihrer Größe, ihrer Lage im Gelände und ihrer Massenbilanz"(Ahnert 2003:355) unterscheiden lassen.

3.1 Deckgletscher

Bei den Deckgletschern handelt es sich um eine dem "*Relief übergeordnete Vergletscherung*"(Embleton-Hamann 2007:70*)*. Dies bedeutet, der Gletscher überdeckt mit seiner "geschlossenen Eisdecke Höhen und Tiefen eines Reliefs"(Zepp 2011:191). Die Formung und die Fließrichtung des Eises wird durch die eigene Eisdynamik des Gletschers bestimmt.

Zu der Gruppe der Deckgletscher gehören die Inlandeismassen, die Eiskappen und die Gebirgsvorlandgletscher. Die größten Deckgletscher sind ebenfalls die größten aller Gletscher: Die Inlandeismassen(Ahnert 2003:355, Zepp 2011:191).

3.1.1 Inlandeis

Bei der Inlandvergletscherung handelt es sich um die größtmögliche Vergletscherung eines Gebietes, da sie sich über "einen Raum subkontinentalen oder kontinentalen Ausmaßes"(Leser 2003:294) erstrecken kann. Die dicksten Eismassen in der Antarktis haben eine Dicke von etwa 4,770 Metern bei einer durchschnittlichen Eisdecke von etwa 2,160 Metern. Das grönländische Inlandeise besitzt an der massivsten Stelle eine

Dicke von etwa 3,000 Metern, bei einem Durchschnitt von etwa 1790 Metern(Embleton-Hamann 2007:71).

"Das Inlandeis der Antarktis und Grönlands umfaßt in riesigen zusammenhängenden Eismassen 95% der auf der Erde vorkommenden Gletscher"(Zepp 2011:191).

Die Eisoberfläche der Antarktis und Grönlands sind durch mehrere sogenannte Eisdome geprägt, von denen aus Eis "radial nach außen ab"(Embleton-Hamann 2007:71) fließt.

Inlandeise besitzen ein enorm großes Nährgebiet, außerdem ist "die Bewegungsgeschwindigkeit des Eises sehr gering, bei wenigen Metern pro Jahr"(Ahnert 2003:355).

3.1.2 Eiskappen und Plateaugletscher

Bei den Eiskappen handelt es sich um "inlandeisähnliche mächtige Deckgletscher auf kleinerer Fläche"(Zepp 2011:192). Sie erstrecken sich maximal über eine Fläche von 50.000 km² und überdecken ein stark ausgeprägtes Relief vollständig(Embleton-Hamann 2007:73).

Plateaugletscher wiederum erreichen noch kleine Größen als die Eiskappen. Außerdem liegen sie auf "gering reliefierten Hochplateaus"(Embleton-Hamann 2007:73)

Ebenso wie bei dem Inlandeis bewegt sich das Eis der Eiskappen und Plateaugletscher aufgrund der nicht vorhandenen Hangneigung sehr langsam(Embleton-Hamann 2007:73).

Die folgende Abbildung zeigt eine Eiskappe mit Auslassgletschern an den Randbereichen der Eisdecke.

Abbildung 3: Eiskappengletscher "Jostedalsbreen" mit Auslassgletschern. Quelle: wgms 2008:Fig. 3.4

3.2 Dem Relief untergeordnete Gletscher

Wenn sich Schnee in Hangmulden von Gebirgen sammelt und der Metamorphose zu Gletschereis unterliegt, "das sich hangabwärts bewegt und dabei durch seine erosive Wirkung die Hangmulde vergrößert und vertieft und so zu einem **Kar** umgestaltet"(Ahnert 2003:357), bildet sich durch die Abwärtsbewegung am Rückhang des Kars eine Randspalte. Man spricht von dem sogenannten Bergschrund(Ahnert 2003:357).

Bei dieser Art der Vergletscherung bestimmt also die Umgebung die "Form und Fließrichtung des Eises"(Embleton-Hamann 2007:70). Zu dieser Gruppe der Vergletscherung gehören unter anderen die Kargletscher, Talgletscher und die Eisstromnetze.

3.2.1 Kargletscher

Der Gletschertyp, der auf der Erde am häufigsten vorkommt, ist der Kargletscher.

Nach Ahnert(2003:357) sind diese Gletscher "klein, ihr Nährgebiet liegt vollständig innerhalb eines Kars, ihr Zehrgebiet, eine kleine Gletscherzunge, reicht oft kaum aus dieser Hohlform heraus".

Ein Beispiel für einen Kargletscher ist der Hangender Ferner in Österreich, welcher auf der folgenden Abbildung zu sehen ist.

Abbildung 4:Kargletscher (Hängender Ferner), Österreich. Quelle: Ahnert 2003 Abb. 22.4.

Deutlich zu erkennen ist das weiß gefärbte Nährgebiet und der umliegende Kar. Das Zehrgebiet ist durch seine graue Färbung deutlich vom Nährgebiet zu abzugrenzen.

3.2.2 Talgletscher

Talgletscher entstehen meistens durch aus mehreren Karen kommenden Eisströmen. Fließen diese ein vorgegebenes Tal hinab, spricht man erst von Talgletschern(Ahnert 2003:357).

Für diesen Gletschertyp "kennzeichnend ist eine kilometerlange Gletscherzunge"(Zepp 2011:192), deren Nährgebiete in "Firnmulden oder Firnbecken in den Hochlagen der Gebirge oder sesselartig in Bergflanken"(Embleton-Hamann 2007:70) liegen.

In einigen Fällen verbinden sich mehrere Talgletscher zu einem sogenannten Eisstrom-netz.

3.2.3 Eisstromnetze

Wenn das Nährgebiet eines Talgletschers so "mächtig wird, dass es über Pässe hinweg in das benachbarte Talsystem überfließen kann(Zepp 2011:192), entstehen große, mit Eis gefüllte Gebirgssysteme oder auch Eisstromnetze.

Diesen Vergletscherungstyp findet man vornehmlich in "hohen Breitenkreisregionen, vor allem in Gebieten maritimen Klimas mit hohen Niederschlägen"(Embleton-Hamann 2007:70), da das Akkumulationsgebiet in diesen Regionen mit besonders viel festem Niederschlag genährt wird.

4 Gletscherverbreitung

Gletschervorkommen gibt es auf allen Kontinenten der Erde. Zwar befinden sich die Inlandeise der Antarktis und Grönlands in polaren Regionen, allerdings existieren bis auf die diese alle Typen von Gletschern global, wie auf der folgenden Abbildung ebenfalls zu sehen ist.

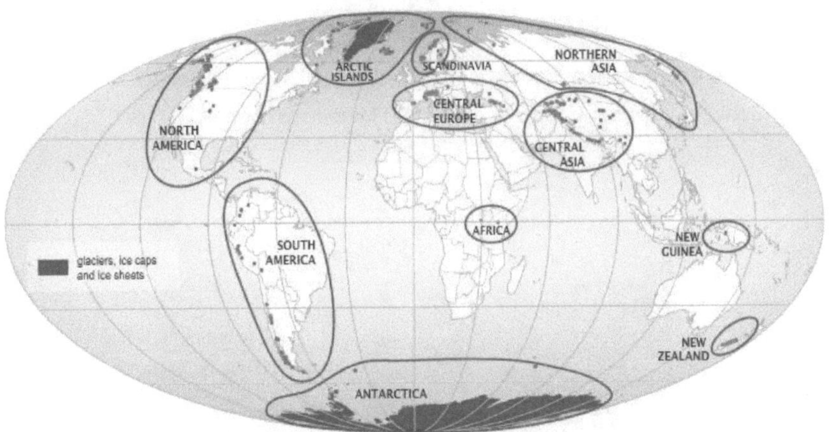

Abbildung 5: Verteilung der Gletscher auf der Erde und Unterteilung in 11 Zonen glazialer Aktivitäten. Quelle: wgms 2008:Seite31.

Deutlich zu erkennen ist, dass die Häufigkeit der Gletscher in Richtung Nord- und Südpol zunimmt. Nichts desto trotz gibt es auch Gletschervorkommen in Teilen Zentralafrikas, sowie Mittelamerikas und Indonesien.

Das häufige Auftreten von Gletschern Nahe den Polen ist leicht durch die niedrigen Jahresmitteltemperaturen zu erklären, die für eine Vergletscherung notwendig sind. Die Temperaturabhängigkeit wird besonders deutlich, wenn man berücksichtigt, dass die Inlandeise der Antarktis und Grönlands auch Landmassen überdecken, die nicht sehr hoch über dem Meeresspiegel liegen, wie es vor allem an den Küsten der Fall ist.

Auch in den Tropen wie Mittelamerika und Zentralafrika gibt es vergletscherte Gebiete. Aufgrund des warmen Klimas dieser Regionen liegen die Gletscher allerdings in einiger Höhe auf Gebirgszügen und sind zusätzlich seltener als Gletscher in den polaren Regionen.

Im Folgenden werden einige Gletscher von verschiedenen Typen und Regionen veranschaulicht. Außerdem wird der Vergleich einiger Gletscher im Laufe der Jahre angestellt, um das Gletscherschrumpfen in Bezug auf die globalen Veränderungen des Klimas darzustellen.

Die Vergletscherung in den Tropen wie beispielsweise in Zentralafrika sind ausschließlich auf Gebirgen ab einer Höhe von etwa 5000 Metern zu finden.

Abbildung 6: Vergletscherung des Kilimanjaro um 1950 und um 1999. QUelle: wgms 2008:Fig.6.2.1a/6.2.1b.

Die Gegenüberstellung der Aufnahmen des Kilimanjaro zeigen den deutlichen Rückgang des Gletschereises auf dem Bergrücken. Aus einer großen zusammenhängenden Eiskappe sind 49 Jahre später nur noch vereinzelte, kleinere Eiskappenfragmente übrig geblieben. Bei Betrachtung des Flächenrückgangs des Eises auf dem Kilimanjaro wird das Ausmaß der globalen Erwärmung deutlich: "The ice bodies on Kilimanjaro have shrunk continuously from about 20 km² just before 1880 to about 2.5 km² in 2003"(wgms 2008:35). Dies bedeutet also einen Rückgang der Eismassen von fast 90% in 123 Jahren.

Auch die Gletscher in den polaren Regionen sind vor dem Klimawandel nicht gefeit.

Auf der folgenden Abbildung ist der South Cascade Gletscher im Gebirge der kanadischen Rockies zu sehen.

Abbildung 7: South Cascade Gletscher, Kandada im Jahre 2001. Quelle: wgms 2008:Fig. 6.10.2.

Bei diesem Gletschertyp handelt es sich um einen Kargletscher, was deutlich an der größeren Akkumulationszone und seiner Unterordnung in die Gebirgsmulde, aus der er hinaus fließt, zu erkennen ist.

Informationen über den Rückgang eines Gletschers liefet die Massenbilanz, oder auch der Massenhaushalt genannt.

"Unter Massenhaushalt von Gletschern setzt sich aus Einnahmen (Akkumulation) und Ausgaben (Ablation) zusammen. Zur Akkumulation zählen u. a. Schneefall, Regen, der in kalten Straten gefriert, Reifbildung, Lawinenablagerungen und Treibschneesedimentation. Unter Ablation versteht man alle Prozesse, durch die Eis. und Schneeverluste eintreten, z.B.: Schmelzen mit Ablfuß Verdunstung, Winddrift, Abgang von Eislawinen an hängenden Zungenenden bzw. Kalben bei ins Meer mündenden Gletschern." (Wilhelm 1997:120-121)

Die Massenbilanz des South Cascade Gletschers ist auf der folgenden Abbildung dargestellt.

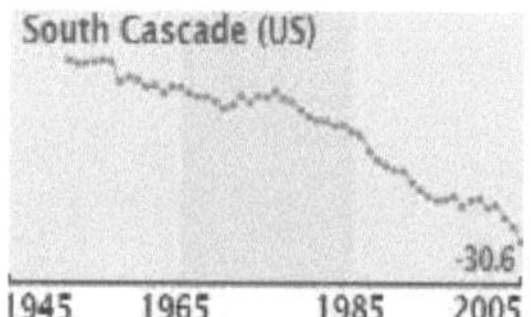

Abbildung 8: Massenbilanz des South Cascade Gletscher von 1945 bis 2005. Quelle: wgms 2008:51.

Im Verlauf von 60 Jahren hat der Gletscher insgesamt 30,6 Meter an Masse verloren,
was pro Jahr einen Durchschnitt von 0,51 cm ausmacht, und was, verglichen mit den
anderen Gletschern Kanadas, ein enorm hoher Verlust ist.

Ein weiteres und gleichzeitig sehr erschreckendes Beispiel für den Rückgang eines
Gletschers ist der Muir Gletscher in Alaska, welcher auf der folgenden Abbildung zu
erkennen ist

Abbildung 9: Muir Gletscher, Alaska im Jahre 1941. Quelle: wgms 2008:Fig. 7.1a.

Der Gletscher, welcher seinen Ursprung in dem Gebirge im Bildhintergrund hat, erstreckt sich mit seinen Massiven Eismassen über eine große Fläche entlang des Reliefs im Bildvordergrund.

In der folgenden Bild, 63 Jahre später, ist der Gletscherrückgang dargestellt, und die enorme Masse des ehemaligen Eises wird deutlich.

Abbildung 10: Muir Gletscher, 2004. Quelle: wgms 2008Fig. 7.1b.

Von dem ehemaligen Eismassen im Bildvordergrund ist im Jahre 2004 nichts mehr übrig geblieben. Die Reste des Muir Gletscher sind nur noch im Gebirge im Bildhintergrund auszumachen. Durch die Größe des entstanden Sees in der Gebirgsmulde, in der sich ehemals der Gletscher ausbreitete, wird die Masse der verlorengegangenen Eismassen besonders deutlich.

5 Zusammenfassung

Die Gletschergliederung und Gletschertypisierung ist wichtig, um ihr Entstehen und ihre individuellen Veränderungen durch die größtenteils anthropogenen Einflüsse zu verstehen und zu deuten.

Anhand der gezeigten Beispiele und der sensiblen Reaktionen der Eismassen auf die Temperaturveränderungen der Erde sollte die Menschheit die Ernsthaftigkeit der Auswirkungen ihrer verursachten Einflüsse auf den Planeten und seine Gletscher erkennen, und bemüht sein diese nicht noch drastischer zu beeinflussen.

Die Massenbilanzen aller Gletscher sind im Durchschnitt seit über einem Jahrhundert negativ. Für den Erhalt der Gletscher und die Verhinderung einer weiteren Aufheizung der Erde ist das Zusammenwirken von Wissenschaft und Politik, sowie das Verständnis und die Bereitschaft zur Veränderung jedes Einzelnen enorm wichtig.

Literaturverzeichnis

Ahnert, F. (2003[3]): Einführung in die Geomorphologie. Stuttgart: UTB

Embleton-Hamann, C. (2007[5]): Exogene Morphodynamik. Stuttgart: Gebrueder Borntraeger Verlagsbuchhandlung (=Geomorphologie in Stichworten).

Leser, H. (2003[8]): Geomorphologie. Braunschweig: Westermann Schulbuchverlag GmbH (=Das Geographische Seminar).

Wilhelm, F. (1997[3]): Hydrogeographie. Braunschweig: Westermann Schulbuchverlag GmbH (=Das Geographische Seminar).

World Glacial Monitoring Service (2008): Global Glacier Changes: facts and figures. < http://www.grid.unep.ch/glaciers/pdfs/glaciers.pdf> abgerufen am 21.03.2013.

Zepp, H. (2011[5]): Geomorphologie. Paderborn: Ferdinand Schöningh. (=Grundriss Allgemeine Geographie).